VAPOR E UMIDADE

Leandro Bertoldo

Dedicatória

Dedico este livro à amorosa e querida
Miquita

"Alguns não estão dispostos a fazer trabalho que exija abnegação". (II Testemunhos Seletos, 98).

Ellen Gould White
Escritora, conferencista, conselheira, e educadora norte-americana.
(1827-1915)

Sumário

Dados biográficos

Leandro Bertoldo é o primeiro filho do casal José Bertoldo Sobrinho e Anita Leandro Bezerra. Tem um irmão chamado Francisco Leandro Bertoldo. Os dois seguiram a carreira no judiciário paulista, incentivados pelo pai, que via algo de desejável na estabilidade do serviço público.

Leandro fez as faculdades de Física e de Direito na Universidade de Mogi das Cruzes – UMC. Seu interesse sempre crescente pela área das exatas vem desde os seus 17 anos, quando começou a escrever algumas teses sérias a respeito do assunto. Em 1995, publicou o seu primeiro livro de Física, que foi um grande sucesso entre os professores universitários. O seu comprometimento com o Direito é resultado de suas atividades junto ao Tribunal de Justiça do Estado de São Paulo.

Leandro casou-se duas vezes e teve uma linda filha do primeiro matrimônio chamada Beatriz Maciel Bertoldo. Sua segunda esposa Daisy Menezes Bertoldo tem sido sua grande companheira e amiga inseparável de todas as horas. Muitas de suas alegrias são proporcionadas pelos seus amados cachorros: Fofa, Pitucha, Calma e Mimo.

Durante sua carreira como cientista contabilizou centenas de artigos e dezenas de livros, todos defendendo teses originais em Física e Matemática, destacando-se: "Teoria Matemática e Mecânica do Dinamismo" (2002); "Teses da Física Clássica e Moderna" (2003); "Cálculo Seguimental" (2005); "Artigos Matemáticos" (2006) e "Geometria Leandroniana" (2007), os quais estão sendo discutidos por vários grupos de pesquisas avançadas nas grandes universidades do país.

Prefácio

Esta obra foi produzida no período de 1982 a 1984. Ela apresenta pela primeira vez ao público ledor, novas ideias a respeito dos fenômenos físicos conhecidas como vapor e umidade.

Estruturada no método matemático, a obra expõe a existência de conceitos inéditos na natureza, e que são necessários à perfeita compreensão e racionalização de vários fenômenos atmosféricos.

O livro é constituído por uma coletânea de 14 artigos científicos, todos relacionados ao vapor, umidade e fenômenos afins. O 1º artigo define o conceito de grau térmico. O 2º define o fluxo de evaporação. O 3º apresenta o conceito matemático de ebulição relativa. O 4º considera a sublimação da água. O 5º artigo define matematicamente o ponto de ebulição de um líquido. O 6º artigo estuda a evaporação a nível molecular. O 7º apresenta matematicamente o conceito de saturação da umidade. O 8º estuda a vaporização e a condensação do vapor. O 9º e o 10º artigos apresentam novos conceitos matemáticos em higrometria. O 11º estuda a evaporação da água do solo. O 12º apresenta equações que definem o ambiente seco e saturado de umidade. O 13º apresenta vários fenômenos físicos onde se aplica o conceito de frações relativas. O 14º artigo procura estabelecer uma equação para o volume de líquido que molha um corpo.

Enfim, o livro apresenta várias inovações originais no estudo do vapor e da umidade. Diante do exposto é o desejo sincero do autor que novas pesquisas sejam realizadas por outros espíritos inquiridores da natureza.

leandrobertoldo@ig.com.br

1. Grau Térmico

A água ao ferver mantém constante a sua temperatura de fervura. Durante o processo de aquecimento, a água recebe uma temperatura parcial (**t**). Pode-se afirmar que a água está fervendo quando a agitação térmica é máxima, atingindo uma temperatura máxima (**T**).

Define-se por grau térmico da água pela relação matemática seguinte:

$$G = t/T$$

O grau térmico pode ser expresso em porcentagem. Desse modo, se a água estiver fervendo, tem-se que (**t = T**), o grau térmico será expresso pela seguinte igualdade:

$$G = 1 \ (100\%)$$

2. Fluxo de Evaporação

A equação de Dalton, que fornece a velocidade de evaporação, é uma formula empírica expressa pela seguinte verdade:

$$v = k . (F - f)/p_{ext}$$

Portanto, para um dado líquido (k), a velocidade de evaporação (v) será tanto maior quanto maior a área (A) e a diferença entre a pressão máxima de vapor pela pressão parcial de vapor ($F - f$) e quanto menor for a pressão externa (p_{ext}). Em função do conceito de evaporação pode-se definir o fluxo de evaporação. Portanto, seja (A) uma superfície localizada na região onde ocorre a evaporação do líquido. O fluxo de evaporação (ϕ) através da referida superfície (A) é expresso pela seguinte relação:

ϕ = massa de líquido evaporado através da superfície (A)/Intervalo de tempo

Assim, o fluxo de evaporação (ϕ) através de uma superfície (A) é a massa do líquido (m) evaporada na unidade de tempo (t).

$$\phi = m/\Delta t$$

3. Ebulição Relativa

A ebulição relativa é o resultado do grau de agitação molecular. As experiências demonstram que a temperatura de ebulição de um líquido depende da pressão exercida sobre o mesmo. Por esta razão, vamos considerar a pressão atmosférica normal, que ao nível do mar corresponde a 1 atm. Portanto defino ebulição relativa (**r**) de um líquido sendo igual ao quociente da temperatura (**t**) do referido líquido, inversa pela temperatura de ebulição (**T**).

Logo, posso escrever simbolicamente o seguinte:

$$r = t/T$$

A referida relação traduz matematicamente, o conceito de ebulição relativa de um líquido à pressão atmosférica normal.

4. Duas Definições

1. Intervalo de Sublimação

Defino matematicamente o intervalo de sublimação (**I**) como sendo igual à temperatura de ebulição (**T**) de uma substância, pela diferença do valor da temperatura de fusão (**t**) da referida substância.

Simbolicamente, pode-se escrever que:

$$I = T - t$$

2. Fração Relativa da Substância

Defino matematicamente a fração relativa (**f**) como sendo igual à relação entre o intervalo de sublimação (I_x) de uma substância, pelo intervalo de sublimação (I_z) de outra substância.

O referido enunciado pode ser expresso por:

$$f = I_x/I_z$$

A fração relativa de uma substância, em relação ao intervalo de sublimação da água, que em condições normais de pressão e temperatura ferve a cem graus centígrados, pode ser expressa pela seguinte relação matemática.

$$f = I_x/100°$$

5. Ponto de Ebulição

1. Saturação de Agitação

Nesta hipótese, afirmo que um líquido somente ferve se atingir a saturação de agitação. Defino a saturação de agitação (**k**) que é uma constante para o mesmo líquido, como sendo igual à relação existente entre o número de colisões por unidade de tempo (φ) inversa pelo quadrado da velocidade média das moléculas ($\mathbf{v}^2$). Simbolicamente, posso escrever que:

$$\mathbf{k} = \phi/\mathbf{v}^2$$

Então se torna evidente que, quando se aumenta a pressão externa, ocorre uma diminuição da distância media entre colisões sucessivas (caminho livre médio), provocando um maior número de colisões. Na ebulição a saturação de agitação tem que ser constante, ocorrendo necessariamente o aumento da velocidade média das moléculas, provocando um aumento de temperatura.

2. Equação da Ebulição

A teoria cinética mostra que:

$$\mathbf{v}^2 = 3 \cdot \mathbf{R} \cdot \mathbf{T/M}$$

Onde a letra (**R**), representa a constante universal dos gases perfeitos, a letra (**T**), representa a temperatura e a letra (**M**), representa sua molécula-grama.

Substituindo as duas últimas expressões, tem-se que:

$$T = \phi \cdot M/3 \cdot R \cdot k$$

Tal expressão mostra que a temperatura de ebulição, depende a natureza da substância, traduzida por (**M/k**) e do número de colisões moleculares, traduzida por (**φ**).

6. Teoria Molecular da Evaporação

A evaporação é o resultado de agitação molecular. Algumas moléculas do líquido adquirem energia cinética superior à medida média e rompem as forças de coesão entre as partículas, abandonando o líquido através de sua superfície livre.

Para a molécula abandonar o líquido através da superfície, é necessário que adquira uma quantidade mínima de energia para vencer as forças de coesão. A energia mínima necessária para uma molécula escapar da superfície do líquido caracteriza um trabalho (ϑ), que pode ser chamado por "trabalho de coesão" do líquido.

Assim, quando a molécula recebe uma energia adicional (**W**), esta deve ser suficiente para superar as forças de coesão; ou seja, deve ser suficiente para vencer o "trabalho de coesão" (ϑ) da molécula na forma de energia cinética (**E**).

Portanto, posso estabelecer a seguinte equação:

$$W = \vartheta - E$$

Ou seja:

$$E = W - \vartheta$$

Sabe-se pela Mecânica Clássica que a energia cinética é igual à metade da massa em produto com o quadrado da velocidade.

Simbolicamente, pode-se escrever que:

$$E = 1/2 \cdot m \cdot V^2$$

Substituindo convenientemente as duas últimas expressões, resulta que:

$$1/2 \cdot m \cdot V^2 = W - \vartheta$$

Esta é a equação molecular que estabeleci para a evaporação. Logicamente, devido à agitação térmica molecular, as moléculas possuem energia cinética. Entretanto, não vencerão as forças de coesão senão as moléculas tais que:

$$W > \vartheta$$

Fica evidente que pela aplicação do cálculo estatístico, pode-se avaliar a proporção de moléculas que, para uma dada temperatura (T), apresentam energia superior a (ϑ).

Fica claro que quanto maior for a temperatura, maior será a agitação molecular e maior será o número de moléculas que passam para a fase gasosa.

7. Saturação

1. Umidade Relativa

A umidade relativa é definida como sendo igual à relação matemática entre a pressão parcial de vapor de água dispersa no ar, pela pressão máxima de vapor.

Simbolicamente o referido enunciado é expresso pela seguinte relação:

$$H = f/F$$

2. Grau de Saturação

Se o meio ambiente ficar saturado de vapor de água, conclui-se que ($f = F$). Portanto a umidade relativa apresenta o seguinte valor:

$$H = 1 \ (100\%)$$

Baseado no conceito de saturação pode-se definir uma grandeza física denominada "grau de saturação". Ela é definida como sendo igual à diferença matemática entre o valor da pressão máxima de vapor pelo valor da pressão parcial de vapor de água no ar, inversa pelo valor da pressão máxima de vapor.

Simbolicamente, o referido enunciado é expresso pela seguinte equação:

$$S = (F - f)/F$$

Por exemplo, quando o grau de saturação registrar 1/3, isto indica que a uma saturação de um terço do valor da pressão máxima de vapor. Ou seja, a pressão parcial de vapor é de dois terços da pressão máxima de vapor.

3. Relação

A relação entre a umidade relativa e o grau de saturação é obtida da seguinte forma:
Sabe-se que:

$$S = (F - f)/F$$

Logo se pode escrever que:

$$S = 1 - (f/F)$$

Porém, sabe-se que:

$$H = f/F$$

Substituindo convenientemente as duas últimas expressões, resulta que:

$$S = 1 - H$$

Portanto conclui-se que o grau de saturação é igual ao número "um" menos o valor da umidade relativa.

8. Dispersões de Vapor

1. Introdução

Considere que no interior de um cilindro provido e êmbolo há um líquido qualquer, volátil e em equilíbrio com seu vapor, numa temperatura constante. Nestas condições pode-se afirmar que como há o equilíbrio entre líquido e vapor, a pressão que o vapor exerce é a chamada "pressão máxima", portanto trata-se de um "vapor saturante".

Se nesta experiência o embalo for elevado oferecendo um maior volume, o líquido se vaporiza. Isto porque enquanto existir líquido e vapor no sistema, a pressão não sofre variação, fazendo com que ela mantenha-se no valor da pressão máxima.

Entretanto, se o embalo for abaixado, será oferecido menor volume disponível. Nessas condições há uma condensação de vapor, de tal forma que a pressão continua no valor da chamada "pressão máxima", isto enquanto coexistirem vapor é líquido no sistema considerado.

2. Vaporização em Massa

A vaporização em massa de um líquido volátil em equilíbrio com o seu vapor é a razão estabelecida entre a massa do vapor (m_1) e a massa desse sistema (m), ambas as medidas na mesma unidade.

Simbolicamente pode-se escrever que:

$$R = m_1/m$$

Ou:

$$r = m_1/m_1 + m_2$$

3. Condensação em Massa

A condensação em massa de um líquido volátil em equilíbrio com o seu vapor é a razão estabelecida entre a massa do líquido (m_2) e a massa total desse sistema (m). O referido enunciado é expresso simbolicamente por:

$$s = m_2/m$$

Ou:

$$s = m_2/m_1 + m_2$$

Pode-se provar que a soma da vaporização e condensação em massas é sempre igual a um.

$$r + s = [m_1/(m_1 + m_2)] + [m_2/(m_1 + m_2)] = [(m_1 + m_2)/(m_1 + m_2)] = 1$$

Portanto, pode-se escrever que:

$$r + s = 1$$

4. Vaporização em Volume

A vaporização em volume de um líquido volátil em equilíbrio com o seu vapor é a razão entre o volume ocupado pelo vapor (V_1) pelo volume total (V) do sistema.

Simbolicamente o referido enunciado é expresso pela seguinte relação:

$$t = V_1/V$$

Ou:

$$t = V_1/(V_1 + V_2)$$

5. Condensação em Volume

A condensação em volume de um líquido volátil em equilíbrio com o seu vapor é a razão entre o volume ocupado pelo líquido (V_2) pelo volume total (V) do sistema. O referido enunciado é expresso simbolicamente pela seguinte igualdade:

$$u = V_2/V$$

Ou:

$$u = V_2/(V_1 + V_2)$$

Pode-se demonstrar que a soma da vaporização e condensação em volumes é sempre igual a um:

$$t + u = (V_1/V) + (V_2/V) = (V_1 + V_2)/V = V/V = 1$$

Assim pode-se escrever que:

$$t + u = 1$$

Portanto pode-se escrever que:

$$r + s = t + u$$

6. Quantidade Molar

Para o sistema de um líquido volátil em equilíbrio com o seu vapor, podem ser também consideradas duas quantidades molares, a saber: a quantidade molar do vapor e a quantidade molar do líquido. Desse modo pode-se definir o seguinte:

1º. Quantidade molar do vapor (z_1) é a razão entre o número de moles de moléculas do vapor e o número total de moles de moléculas do sistema.

2º. Quantidade molar do líquido (z_2) é a razão entre o número de moles de moléculas do líquido pelo número total de moles de moléculas do sistema.

Simbolicamente, os referido enunciado podem ser expressos, respectivamente por:

$$z_1 = n_1/n$$

e

$$z_2 = n_2/n$$

Onde a letra (n_1) representa o número de moles do vapor; a letra (n_2) simboliza o número de moles do líquido; a letra (z_1) representa a quantidade molar do vapor; a letra (z_2) representa a quantidade molar do líquido e a letra (n) representa o número de moles do sistema (vapor/líquido).

O número de moles pode ser definido através da razão entre massa por mol. Simbolicamente pode-se escrever que:

$$n_1 = m_1/mol_1$$

e

$$n_2 = m_2/mol_2$$

Novamente pode-se demonstrar que a soma das quantidades molares é sempre igual a um.

$$z_1 + z_2 = (n_1/n) + (n_2/n) = (n_1 + n_2)/n = n/n = 1$$

Ou seja:

$$z_1 + z_2 = 1$$

Portanto pode-se estabelecer que:

$$r + s = t + u = z_1 + z_2$$

7. Densidade

A densidade do sistema em equilíbrio vapor/líquido é igual a razão estabelecida entre a massa e o volume desse sistema.

Simbolicamente o referido enunciado é expresso pela seguinte relação:

$$d = m/V$$

Ou seja:

$$d = (m_1 + m_2)/(V_1 + V_2)$$

8. Concentração de Vapor

A concentração de vapor de um sistema líquido e vapor em equilíbrio é a razão entre a massa do vapor e o volume desse sistema.

Simbolicamente o referido enunciado é expresso por:

$$C_1 = m_l/V$$

Ou seja:

$$C_1 = m_l/(V_1 + V_2)$$

9. Concentração de Líquido

A concentração de líquido de um sistema líquido/vapor em equilíbrio é a razão entre a massa do líquido pelo volume desse sistema.

Simbolicamente o referido enunciado é expresso por:

$$C_2 = m_2/V$$

Ou:

$$C_2 = m_2/V_1 + V_2$$

$$C_1 + C_2 = (m_l/V) + (m_2/V) = (m_1 + m_2)/V = (m_1 + m_2)/(V_1 + V_2) = d$$

Portanto:

$$d = C_1 + C_2$$

10. Relação Vaporização, Densidade e Concentração

No presente estudo foram definidas as seguintes grandezas:

$$r_1 = m_l/m$$

$$d = m/V$$

$$C_1 = m_1/V$$

Substituindo convenientemente as três últimas expressões obtém-se que:

$$C_1 = m \cdot r/V$$

Que resulta na seguinte expressão:

$$C_1 = d \cdot r$$

Porém, foi demonstrado que:

$$d = C_1 + C_2$$

Substituindo convenientemente as duas últimas expressões obtém-se que:

$$C_1 = (C_1 + C_2) \cdot r$$

$$C_1 = r \cdot C_1 + r \cdot C_2$$

$$1 = (r \cdot C_1/C_1) + (r \cdot C_2/C_1)$$

$$1 = r + (r \cdot C_2/C_1)$$

$$1 = r [1 + (C_2/C_1)]$$

$$1/r = 1 + (C_2/C_1)$$

9. Deduções Higrométricas

1. Higrodade Ideal

Defino o conceito de higrodada (**g**) como sendo igual ao quociente da pressão parcial (**f**) exercida pelo vapor de água, inversa pela unidade absoluta (**h**) do ar. Simbolicamente, o referido enunciado é expresso pela seguinte relação:

$$g = f/h$$

Conhecendo-se a temperatura (**T**), posso determinar facilmente a grandeza higrodade (**g**), desde que se suponha que o vapor de água se comporte como um gás perfeito. Sendo (**R**) a constante universal dos gases; (**M**) o número de moles e (**V**) o volume, pode-se escrever que:

$$f \cdot V = M \cdot R \cdot T$$

Substituindo n por seu valor (**m/M**) [onde **m** é a massa do vapor d'água presente no volume (**V**) e (**M**) é o mol da água], tem-se que:

$$f \cdot V = m \cdot R \cdot T/M$$

Naturalmente, pode-se escrever que:

$$f \cdot V/m = R \cdot T/M$$

Porém, a higrometria mostra que a umidade absoluta (**h**) é igual ao quociente da massa (**m**) de vapor d'água, inversa pelo volume de ar (**V**). Simbolicamente, pode-se escrever que:

$$h = m/V$$

Evidentemente posso escrever que:

$$1/h = V/m$$

Assim, resulta que:

$$f/h = R \cdot T/M$$

Como (**g = f/h**), vem que:

$$g = R \cdot T/M$$

Desse modo posso concluir que a higrodade é proporcional à temperatura.

Simbolicamente, o referido enunciado é expresso pela seguinte equação:

$$g = q \cdot T$$

Onde a letra (**q**) representa a constante fundamental da Higrometria.

2. Higrodade Real

A equação deduzida no parágrafo anterior não é rigorosa pois o vapor da água tem comportamento ideal. Porém, para fins comuns, onde a exatidão não é fundamental, a diferença entre o vapor real pelo ideal pode ser negligenciada. Entretanto empregando-se a equação de Van der Waals em vez da equação de Clapeyron, obtém-se a seguinte demonstração:

$$f = (R \cdot T/v - B) - (A/v^2)$$

A referida expressão representa a equação de Vander Waals. Representei a pressão parcial do vapor da água por (**f**), o volume molar por (**v**), e as constantes características do vapor de água por (**A**) e (**B**).
Logo, posso escrever que:

$$f = [R \cdot T \cdot v^2 - A \cdot (v - B)]/[v^2 \cdot (v - B)]$$

$$f \cdot v = [R \cdot T \cdot v^2 - A \cdot (v - B)]/[v \cdot (v - B)]$$

$$f \cdot v = [(R \cdot T \cdot v^2) - (A \cdot v - A \cdot B)]/[v \cdot (v - B)]$$

$$f \cdot v = [R \cdot T \cdot v^2/v \cdot (v - B)] - [A \cdot v/v \cdot (v - B)] - [A \cdot B/v \cdot (v - B)]$$

Eliminando os termos em evidência, vem que:

$$f \cdot v = [R \cdot T \cdot v/v - B] - [A/(v - B)] - [A \cdot B/v \cdot (v - B)]$$

$$f \cdot v = (A/v - B) \cdot (R \cdot T \cdot v/A) - (1) - (B/v)$$

Ou seja:

$$f \cdot v = (A/v - B) \cdot (R \cdot T \cdot v/A) - (B/v) - (1)$$

O volume é expresso por:

$$V = n \cdot v$$

Substituindo convenientemente as duas últimas expressões, vem que:

$$f \cdot V/n = (A/v - B) \cdot (R \cdot T \cdot v/A) - (B/v) -\!\!- (1)$$

Porém, sabe-se que:

$$n = m/M$$

Substituindo as duas últimas expressões, vem que:

$$(f \cdot V)/(m/M) = (A/v - B) \cdot (R \cdot T \cdot v/A) - (B/v) - (1)$$

Portanto, vem que:

$$f \cdot V \cdot M/m = (A/v - B) \cdot (R \cdot T \cdot v/A) - (B/v) - (1)$$

Sabe-se que a umidade absoluta (**h**) pode ser expressa pela seguinte relação:

$$1/h = V/m$$

Substituindo convenientemente as duas últimas expressões, vem que:

$$F \cdot M/h = (A/v - B) \cdot (R \cdot T \cdot v/A) - (B/v) - (1)$$

Também, posso escrever que:

$$f/h = [(A/M \cdot (v - B)] \cdot (R \cdot T \cdot v/A) - (B/v) - (1)$$

Porém, afirmei que a higrodade é expressa por (**g = f/h**); portanto posso concluir que:

$$g = [(A/M \cdot (v - B)] \cdot (R \cdot T \cdot v/A) - (B/v) - (1)$$

3. Diferenças Entre Pressão do Vapor da Água

A pressão parcial do vapor d'água é expressa por:

$$f = n \cdot R \cdot T/V$$

Se o ambiente estiver saturado de vapor d'água basta substituir a pressão parcial (**f**) pela pressão máxima de vapor (**F**).

Desse modo, pode-se escrever que:

$$F = N \cdot R \cdot T/V$$

Na referida expressão chamo (**N**) por número de moles de vapor saturante presente no recinto.

A diferença entre a pressão máxima (**F**) pela pressão parcial (**f**) de vapor é um conceito que considero importante; inclusive constituem um dos termos da equação de Dalton sobre a evaporação.

Assim, defino simbolicamente a diferença de pressão de vapor (**Δφ**), pela seguinte igualdade:

$$\Delta\phi = F - f$$

Substituindo convenientemente as três últimas expressões, vem que:

$$\Delta\phi = (N \cdot R \cdot T/V) - (n \cdot R \cdot T/V)$$

Logo resulta que:

I) $$\Delta\phi = (R \cdot T/V) \cdot (N - n)$$

Sabe-se que:

$$n = m/M$$

Onde (**m**) é a massa do vapor d'água presente no volume e (**M**) é o mol da água.
Sabe-se que:

$$N = m_0/M$$

Onde (**m₀**) é a massa de vapor saturante presente no volume e (**M**) é o mol da água.
Substituindo convenientemente as três últimas expressões, vem que:

$$\Delta\phi = (R \cdot T/V) \cdot (m_0/M) - (m/M)$$

Logo resulta que:

II
$$\Delta\phi = (R \cdot T/V \cdot M) \cdot (m_0 - m)$$

Porém, sabe-se que a umidade absoluta é expressa por:

$$h = m/V$$

Sabe-se que a umidade absoluta saturante é expressa por:

$$H = m_0/V$$

Substituindo convenientemente as duas últimas expressões, vem que:

$$\Delta\phi = (R \cdot T/V \cdot M) \cdot (H \cdot V - h \cdot V)$$

Assim resulta que:

$$\Delta\phi = (R \cdot T \cdot V/V \cdot M) \cdot (H - h)$$

Ao eliminar os termos em evidência, conclui-se que:

III $\qquad \Delta\phi = (R \cdot T/M) \cdot (H - h)$

A) Igualando as equações (**I**) e (**II**), vem que:

$$RT/V \cdot (N - n) = (R \cdot T/V \cdot M) \cdot (m_0 - m)$$

Eliminando os termos em evidência, resulta que:

$$(N - n) = (1/M) \cdot (m_0 - m)$$

B) Igualando as equações (**I**) e (**III**), vem que:

$$RT/V \cdot (N - n) = (R.T/M) \cdot (H - h)$$

Eliminando os termos em evidência, vem que:

$$(1/V) \cdot (N - n) = (1/M) \cdot (H - h)$$

Ou seja:

$$M/V = (H - h)/(N - n)$$

C) Igualando as equações (**II**) e (**III**), vem que:

$$(R \cdot T/V \cdot M) \cdot (m_0 - m) = (R \cdot T/M) \cdot (H - h)$$

Eliminando os termos em evidência, vem que:

$$(1/V) \cdot (m_0 - m) = (H - h)$$

D) Considere a equação deduzida em (A):

$$(N - n) = (1/M) \cdot (m_0 - m)$$

Sabe-se que a umidade relativa é expressa por:

$$e = m/m_0$$

Substituindo convenientemente as duas últimas expressões, vem que:

$$(N - n) = (1/M) \cdot (m_0 - e \cdot m_0)$$

Logicamente posso escrever que:

$$(N - n) = (m_0/M) \cdot (1 - e)$$

Como:

$$N = m_0/M$$

Posso escrever que:

$$(N - n)/N = (1 - e)$$

O que resulta na seguinte igualdade:

$$1 - (n/N) = 1 - e$$

Logo vem que:

$$1 - 1 - (n/N) = - e$$

Ou seja:

$$- n/N = - e$$

Assim, posso escrever que:

$$e = n/N$$

E) Considere a equação deduzida em (**C**):

$$V . (H - h) = (m_0 - m)$$

Sabe-se que:

$$e = m/m_0$$

Substituindo convenientemente as duas últimas expressões vem que:

$$V . (H - h) = (m_0 - e . m_0)$$

Logo vem que:

$$V . (H - h) = m_0 (1 - e)$$

Assim, posso escrever que:

$$H - h = (m_0/V) . (1 - e)$$

Porém, sabe-se que:

$$H = m_0/V$$

Substituindo convenientemente as duas últimas expressões, vem que:

$$H - h = H . (1 - e)$$

Dessa forma, posso escrever que:

$$(H - h)/H = (1 - e)$$

Portanto, vem que:

$$1 - (h/H) = (1 - e)$$

Logo, resulta:

$$- h/H = (1 - e)$$

Ou seja:

$$e = h/H$$

F) Considere a equação deduzida em (**B**):

$$(N - n)/V = (H - h)/M$$

Demonstrei que:

$$e = h/H = n/N$$

Naturalmente, posso escrever que:

$$N - e . N/V = H - e . H/M$$

Assim, vem que:

$$(N/V) . (1 - e) = (H/M) . (1 - e)$$

Desse modo, resulta que:

$$N/V = H/M$$

4. Equação do Estado Higrométrico

Demonstrei que:

$$g = q \cdot T$$

Considerando dois estados do mesmo fenômeno, posso escrever que:

$$g_1/T_1 = g_2/T_2$$

Sabe-se que:

$$e = f/F = h/H$$

Desse modo, posso escrever que:

$$f/h = F/H$$

Porém, demonstrei que:

$$g = f/h$$

Logo, conclui-se que:

$$g = f/h = F/H$$

5. Pressão Total

A equação

$$f \cdot V = n \cdot R \cdot T$$

Representa apenas a pressão parcial do vapor da água. Entretanto, além da referida pressão, também existe a pressão parcial do ar.

Desse modo para se calcular a pressão total deve-se empregar a Lei de Dalton referente às misturas gasosas. Tal lei permite escrever que a pressão total (p_T) é representada por:

$$p_T = (n_1 + n_2) \cdot R \cdot T/V$$

Onde (n_1) representa o número médio de moles do ar. É expresso por:

$$n_1 = m_1/M_1$$

Onde (n_2) representa o número de moles do vapor da água. É expresso por:

$$n_2 = m_2/M_2$$

Logo, posso escrever que:

$$p_T = (m_1 \cdot RT/M_1 \cdot V) + (m_2 \cdot RT/M_2 \cdot V)$$

Porém, sabe-se que (m_1/V) representa a densidade (**d**) do ar. Desse modo, posso escrever que:

$$p_T = [(d/M_1) \cdot (RT)] + [m_2 \cdot RT/V \cdot M_2$$

Também ficou demonstrado que:

$$h = m_2/V$$

Substituindo convenientemente as duas últimas expressões, posso escrever que:

$$p_T = [(d/M_1) . (RT)] + [(h/M_2) . (RT)]$$

Assim, vem que:

$$p_T = RT . [(d/M_1) + (h/M_2)]$$

Como nos parágrafos anteriores, representei (M_2) por (**M**), vem que:

$$p_T = RT . [(d/M_1) + (h/M)]$$

6. Higromassa

Defino o conceito de higromassa como sendo igual ao quociente da massa (**m**) de vapor de água, inversa pela massa de ar (m_a) adicionada com a massa do vapor da água.

Simbolicamente o referido enunciado é expresso pela seguinte relação:

$$D = m/(m_a + m)$$

Naturalmente, posso estabelecer que:

$$m = D . (m_a + m)$$

$$m = D . m_a + D . m$$

$$m - (D . m) = D . m_a$$

$$m . (1 - D) = D . m_a$$

$$m/m_a = D/(1 - D)$$

Sabe-se que:

$$n = m/M$$

e

$$n_a = m_a/M_0$$

Substituindo convenientemente as três últimas expressões, vem que:

$$n . M/n_a . M_a = m/m_a = D/(1 - D)$$

A equação de Clapeyron permite escrever que:

a) $m = f . M . V/RT$

b) $m_a = p . M_a . V/RT$

Substituindo convenientemente as duas últimas expressões em

$$D/1 - D = m/m_a$$

Posso escrever que:

$$D/1 - D = (f . M . V/RT)/(p . M_a . V/RT)$$

Assim, resulta que:

$$D/1 - D = f . M . V . RT/p . M_a . V . RT$$

Eliminando os termos em evidência, vem que:

$$D/1 - D = f . M/p . M_a$$

Também, posso concluir que:

$$f . M/p . M_a = n . M/n_a . M_a$$

Ao eliminar os termos em evidência resulta que:

$$f/p = n/n_a$$

Sabe-se que a umidade relativa é expressa por:

$$e = m/ m_0$$

Assim, posso escrever que:

$$m = e . m_0$$

Desse modo, posso concluir as seguintes verdades:

A) $$D = e . m_0/m_a + m$$

B) $$e . m_0/m_a = D/1 - D$$

C) $$n = e . m_0/M$$

Como a higromassa apresenta relação entre mesmas unidades, resulta que a mesma é um número puro, desse modo pode ser expressa em termos de porcentagem.

Se existirem vários gases no meio do vapor, posso escrever que:

$$D = m/\Sigma m$$

7. Umidade Molar Absoluta

Defino a umidade molar absoluta (**A**) do ar, num instante, como sendo a razão entre o número de moles de vapor d'água presente, neste instante, em certo volume de ar e o volume considerado.

Desse modo, se (**n**) é o número de moles de vapor d'água presente no volume (**V**) de ar, a umidade molar absoluta do ar será expressa simbolicamente pela seguinte relação:

$$a = n/V$$

Conhecendo-se a pressão do vapor d'água num certo recinto, o volume (**V**) do recinto e a temperatura (**T**), então posso determinar a umidade molar absoluta do recinto, desde que se considere que o vapor d'água se comporte como um gás ideal.

Pela equação de Clapeyron, posso escrever que:

$$n = f \cdot V/RT$$

Assim, substituindo convenientemente as duas últimas expressões, vem que:

$$a = n/V = f/RT$$

Ou seja:

$$a = f/RT$$

Tal equação permite concluir que a umidade molar absoluta depende apenas da pressão parcial exercida pelo vapor d'água e da temperatura.

Caso o ambiente estiver saturado de vapor d'água basta substituir na última expressão a pressão parcial (**f**) pela pressão máxima de vapor de água (**F**). Denominado de (**N**) o número de moles do vapor saturante presente no recinto, posso escrever que:

$$a_0 = N/V = F/RT$$

Ou seja:

$$a_0 = F/RT$$

A unidade relativa pode ser definida como sendo igual à razão entre o número de moles de vapor d'água presente num determinado volume de ar e o número de moles de vapor d'água, saturante, que poderia estar presente no mesmo volume de ar, à mesma temperatura.
Simbolicamente, posso escrever que:

$$e = n/N$$

Também, posso estabelecer a seguinte verdade:

$$e = a/a_0 = (n/V)/(N/V) = (f/RT)/(F/RT)$$

Desse modo resulta que:

$$e = a/a_0 = n/N = f/F$$

8. Relação Entre Umidade Absoluta e Umidade Molar

A umidade absoluta (**h**) é expressa simbolicamente pela seguinte relação:

$$h = m/V$$

Conforme minha definição, a umidade molar é expressa simbolicamente pela seguinte relação:

$$a = n/V$$

Porém, sabe-se que:

$$n = m/M$$

Substituindo convenientemente as duas últimas expressões, vem que:

$$a = m/M \cdot V$$

Porém, sabe-se que ($h = m/V$). Então, substituindo convenientemente as duas últimas expressões, vem que:

$$a = h/M$$

Como ($M = m/n$), posso concluir que:

$$a \cdot m = n \cdot h$$

9. Relação Entre Umidade Absoluta e Densidade do Sistema

A umidade absoluta é expressa pela seguinte relação matemática:

$$h = m/V$$

Apresentei o conceito de higromassa expresso por:

$$D = m/m_a + m$$

De forma genérica, a densidade do sistema (ar mais vapor d'água) é a relação entre a massa total (m_T) e o volume ocupado. Simbolicamente posso apresentar a seguinte equação:

$$d = m_T/V$$

Como ($m_T = m_a + m$), posso escrever que:

$$d = (m_a + m)/V$$

Prova-se facilmente que:

$$m/V = [(m_a + m)/V] . [m/(m_a + m)]$$

Substituindo convenientemente as três últimas expressões, vem que:

$$h = d . D$$

10. Higrovolume

Defino o conceito de higrovolume (Δ) como sendo igual ao quociente do volume de ar (V_1) inverso pela soma existente entre o volume de ar (V_1) com o volume de vapor d'água (V_2).
Simbolicamente, o referido enunciado é expresso por:

$$\Delta = V_1/(V_1 + V_2)$$

10. Novas Equações Higrométricas

1. Unidade Absoluta em Massa

Sabe-se que a unidade absoluta (**h**) é igual à relação existente entre a massa de vapor d'água (**m**) presente em certo volume (**V**) de ar.
Simbolicamente, o referido enunciado é expresso por:

$$h = m/V$$

2. Unidade Absoluta em Peso

Denomino por umidade absoluta em peso (**µ**), em um instante, como sendo igual à razão entre o peso (**F**) de vapor d'água presente, neste instante, em certo volume (**V**) de ar.
Simbolicamente, o referido enunciado é expresso pela seguinte relação:

$$µ = F/V$$

3. Relação Entre Unidade Absoluta em Peso e em Massa

Sabe-se que o peso (**F**) de um corpo é igual à massa (**m**) do mesmo, em produto com a aceleração gravitacional (**g**).
Simbolicamente, pode-se escrever que:

$$F = m . g$$

Desse modo, posso escrever a seguinte verdade:

$$\mu = m \cdot g/V$$

Porém demonstrei que:

$$h = m/V$$

Substituindo convenientemente as duas últimas expressões, vem que:

$$\mu = h \cdot g$$

4. Umidade Relativa em Massa

Umidade Relativa é a razão entre a massa de vapor d'água (**m**) presente em determinado volume (**V**) de ar e a massa (**M**) de vapor d'água, saturante, que poderia estar presente no mesmo volume (**V**) de ar, à mesma temperatura.
Simbolicamente, pode-se escrever que:

$$e = m/M$$

5. Umidade Relativa em Peso

Do mesmo modo que é definida a umidade relativa em massa, passo a apresentar a minha definição de umidade relativa em peso (**e**) como sendo igual à relação entre o peso do vapor d'água (**F**) presente num determinado volume (**U**) de ar e o peso de vapor d'água (**f**) saturante, que poderia estar presente no mesmo volume de ar, à mesma temperatura.
Simbolicamente posso escrever que:

$$e = F/f$$

Sabe-se que:

a) $F = m . g$

b) $f = M . g$

Logo posso concluir que:

$$e = m . g/M . g$$

Eliminando os termos em evidência, vem que:

$$e = m/M$$

6. Pressão em Peso da Umidade

Defino matematicamente a pressão (**p**) em peso que uma massa d'água exerce sobre uma superfície como sendo igual ao quociente do peso (**F**), inversa pela superfície (**S**). Simbolicamente, o referido enunciado é expresso pela seguinte relação:

$$p = F/S$$

Entretanto, demonstrei que:

$$F = \mu . V$$

Substituindo convenientemente as duas últimas expressões, vem que:

$$p = \mu . V/S$$

Em muitos casos o volume (**V**) é igual ao produto existente entre a superfície (**S**) pela altura (**a**). Simbolicamente pode-se escrever que:

$$V = S \cdot a$$

Substituindo convenientemente as duas últimas expressões, vem que:

$$p = \mu \cdot S \cdot a/S$$

Eliminando os termos em evidência, resulta que:

$$p = \mu \cdot a$$

Também demonstrei a seguinte realidade:

$$\mu = h \cdot g$$

Substituindo convenientemente as duas últimas expressões, vem que:

$$p = h \cdot g \cdot a$$

Tal expressão permite afirmar que a pressão exercida pela umidade através de seu peso é igual ao produto existente entre a umidade absoluta em massa, pela aceleração gravitacional e pela altura.

7. Pressão Total

A pressão total (p_T) que um corpo sofre é igual à soma entre a pressão atmosférica (**P**) com a pressão da umidade (**p**).

Simbolicamente, o referido enunciado é expresso por:

$$p_T = P + p$$

8. Empuxo Higrométrico

A umidade como qualquer outro fluído também exerce um empuxo que denominei por "Empuxo Higrométrico". Cujo valor eu costumo representar pela seguinte expressão matemática:

$$x = v \cdot h \cdot g$$

Onde a letra (x) representa o empuxo higrométrico; onde a letra (v) representa o volume deslocado; onde a letra (h) representa a umidade absoluta em massa e onde (g) representa a aceleração gravitacional.

9. Equações para a Umidade Relativa

A equação geral da pressão do vapor d'água é expressa da seguinte forma:

$$\log p = (A/T) + B$$

Onde a constante (A) na referida equação, pode ser relacionada com o calor de vaporização de um líquido.

Sabe-se que a umidade relativa é a razão entre a pressão do vapor d'água existente no ar, no instante considerado e a pressão máxima do vapor d'água, à mesma temperatura.

Simbolicamente, o referido enunciado é expresso por:

$$e = p/p_0$$

Desses fundamentos, posso estabelecer a seguinte verdade:

a) $\log p = (A/T) + B$

b) $\text{lop } p_0 = (A/T) + B_0$

Assim, posso escrever que:

$$\log e = \log p/\log p_0 = [(A/T) + B] / [(A/T) + B_0]$$

Então, vem que:

$$\log e = \log p/\log p_0 = A + B \cdot T/T / A + B_0 \cdot T/T$$

O que resulta:

$$\log e = \log p/\log p_0 = (A + B \cdot T) \cdot T / (A + B_0 \cdot T) \cdot T$$

Ao eliminar os termos em evidencia, posso escrever:

$$\log e = \log p/\log p_0 = A + B \cdot T / A + B_0 \cdot T$$

Naturalmente, posso concluir que:

$$\log e = A + B \cdot T/A + B_0 \cdot T$$

O que permite escrever:

$$A + B \cdot T = \log e \cdot A + \log e \cdot B_0 \cdot T$$

Assim, vem que:

$$A - \log e \cdot A = \log e \cdot B_0 \cdot T - B \cdot T$$

Desse modo, resulta que:

$$A . (1 - \log e) = T . (\log e . B_0 - B)$$

Logo posso estabelecer que:

$$A/T = (\log e . B_0 - B)/(1 - \log e)$$

Tal expressão é denominada por equação higrométrica que tenho a honra de propô-la nesta data de 1984.
Também, vou apresentar a seguinte demonstração:

$$\log p/\log p_0 = A + B . T/A + B_0 . T$$

Assim, posso escrever que:

$$\log p . (A + B_0 . T) = \log p_0 . (A + B . T)$$

O que resulta:

$$\log p . A + \log p . B_0 . T = \log p_0 . A + \log p_0 . B . T$$

Portanto, vem que:

$$\log p . A - \log p_0 . A = \log p_0 . B . T - \log p . B_0 . T$$

Logo, conclui-se que:

$$A . (\log p - \log p_0) = T . (\log p_0 . B - \log p . B_0)$$

Dessa forma, posso escrever que:

$$A/T = (\log p_0 . B - \log p . B_0)/(\log p - \log p_0)$$

A referida equação igualada convenientemente com a equação higrométrica, permite escrever que:

$$(\log e. \ B_0 - B)/(1 - \log e) = (\log p_0. \ B - \log p. \ B_0)/(\log p - \log p_0)$$

Também vou estabelecer outra verdade fundamental. Sabe-se que a equação geral é expressa por:

$$\log p = (A/T) + B$$

Evidentemente posso escrever que:

$$A/T = \log p - B$$

O vapor saturante, também, pode ser expresso por:

$$A/T = \text{lop } p_0 - B_0$$

Igualando convenientemente as duas últimas expressões, vem que:

$$\log p - B = \text{lop } p_0 - B_0$$

Logo, posso escrever que:

$$\log p - \text{lop } p_0 = - B_0 + B$$

Assim, resulta que:

$$\log p/p_0 = - B_0 + B$$

Tal equação é fundamental na moderna higrometria. Sabe-se que a equação higrométrica é expressa por:

$$A/T = (\log e \cdot B_0 - B)/(1 - \log e)$$

Sabe-se que:

c) $A/T = \log p - B$

d) $A/T = \log p_0 - B_0$

Desse modo posso concluir que:

e) $\log p - B = (\log e \cdot B_0 - B)/(1 - \log e)$

f) $\log p_0 - B_0 = (\log e \cdot B_0 - B)/(1 - \log e)$

Assim, posso apresentar as seguintes demonstrações com a expressão que se segue:

$$\log p - B = (\log e \cdot B_0 - B)/(1 - \log e)$$

Posso escrever que:

$$\log p = [(\log e \cdot B_0 - B)/(1 - \log e)] + B$$

Portanto, vem que:

$$\log p = (\log e \cdot B_0 - B) + B \cdot (1 - \log e)/(1 - \log e)$$

Assim, resulta:

$$\log p = (\log e \cdot B_0 - B + B - \log e \cdot B)/(1 - \log e)$$

Eliminando os termos em evidência, vem que:

$$\log p = (\log e \cdot B_0 - \log e \cdot B)/(1 - \log e)$$

ou

$$\log p = \log e \cdot (B_0 - B)/(1 - \log e)$$

Já a equação (**f**) permite apresentar a seguinte demonstração:

$$\log p_0 - B_0 = (\log e \cdot B_0 - B)/(1 - \log e)$$

Assim, posso escrever que:

$$\log p_0 = [(\log e \cdot B_0 - B)/(1 - \log e)] + B_0$$

Portanto, vem que:

$$\log p_0 = (\log e \cdot B_0 - B) + B_0 \cdot (1 - \log e)/(1 - \log e)$$

Assim, resulta que:

$$\log p_0 = (\log e \cdot B_0 - B) + (B_0 - \log e \cdot B_0)/(1 - \log e)$$

Eliminando os termos em evidência, vem que:

$$\log p_0 = (B_0 - B)/(1 - \log e)$$

Também, posso escrever que:

$$\log p_0 \cdot (1 - \log e) = B_0 - B$$

Assim, vem que:

$$\log p_0 - \log p_0 \cdot \log e = B_0 - B$$

Multiplicando-se ambos os membros por menos um (**– 1**), vem que:

$$-\log p_0 + \log p_0 \cdot \log e = -B_0 + B$$

Entretanto, demonstrei que:

$$\log p - \log p_0 = -B_0 + B$$

Igualando convenientemente as duas últimas expressões, vem que:

$$-\log p_0 + \log p_0 \cdot \log e = \log p - \log p_0$$

Portanto, posso escrever que:

$$-\log p_0 + \log p_0 + \log p_0 \cdot \log e = \log p$$

Eliminando os termos em evidência, resulta que:

$$\log p = \log p_0 \cdot \log e$$

Naturalmente, posso escrever que:

$$\log p = \log (p_0 + e)$$

11. Evaporatória

1. Introdução

Segundo os conceitos que defendo, "Evaporatória" é a parte da mecânica dos solos que se preocupa com o estudo da consistência dos solos.

2. Evaporamento

De acordo com minha tese, o evaporamento (**E**) é uma grandeza definida como sendo igual ao quociente da massa de líquido evaporado (m_e), inversa pela massa da parte sólida existente num certo volume (m_S).

Simbolicamente, o referido enunciado é expresso pela seguinte relação matemática:

$$E = m_e/m_S$$

Pela mecânica dos solos, sabe-se que o teor de umidade (**H**) de um solo é igual à relação existente entre a massa de água contida num certo volume de solo pelo peso da parte sólida existente neste mesmo volume.

O referido enunciado é expresso por:

$$H = m_A/m_S$$

Entretanto se a água do solo sofre uma evaporação, a amostra de solo vai apresentar outro teor de umidade.

Desse modo, posso escrever que:

a) No estado inicial, antes a evaporação, tem-se:

$$H_1 = m_{A1}/m_S$$

b) Em outro estado, após a evaporação, tem-se:

$$H_2 = m_{A2}/m_S$$

Logo, torna-se evidente que:

$$m_{A2} = m_{A1} - m_e$$

O que permite escrever:

$$m_e = m_{A1} - m_{A2}$$

Substituindo convenientemente as expressões (**a**) e (**b**), vem que:

$$m_e = H_1 . m_S - H_2 . m_S$$

Assim, resulta que:

$$m_e = m_S . (H_1 - H_2)$$

Tal expressão permite concluir que:

$$m_e/m_S = (H_1 - H_2)$$

Como:

$$E = m_e/m_S$$

Posso estabelecer a seguinte verdade:

$$E = (H_1 - H_2)$$

3. Vazão Evaporativa

Defino a grandeza que denominei por vazão evaporativa (θ) como sendo igual à variação do teor de umidade ($H_1 - H_2$), inversa pela variação de tempo (Δt) decorrido no processamento da evaporação.

Simbolicamente, o referido enunciado é expresso pela seguinte relação:

$$\theta = \Delta H/\Delta t$$

Demonstrei que:

$$\Delta H = m_e/m_S$$

Substituindo convenientemente as duas últimas expressões, vem que:

$$\theta \cdot \Delta t = m_e/m_S$$

O que permite escrever:

$$\theta \cdot m_S = m_e/\Delta t$$

Porém, ocorre que a massa de água evaporada (m_e), durante o intervalo de tempo (Δt) é igual a uma grandeza chamada por velocidade de evaporação da água.

Sendo que o referido enunciado é expresso pela seguinte relação:

$$\Omega = m_e/\Delta t$$

Substituindo convenientemente as duas últimas expressões, vem que:

$$\Omega = \theta \cdot m_S$$

Sabendo-se que:

a) $\Omega = m_e/\Delta t$

b) $\theta = E/\Delta t$

Dividindo membro a membro, vem que:

$$\Omega/\theta = m_e/E$$

4. Parâmetro de Evaporação

Defino a grandeza que denominei por parâmetro de evaporação como sendo igual à relação matemática existente entre a velocidade de evaporação pela área superficial da massa de solo exposta ao meio.

Simbolicamente, o referido enunciado é expresso por:

$$b = \Omega/A$$

Sendo que tal expressão permite escrever que:

$$\Omega = b \cdot A$$

Demonstrei que:

$$\Omega = \theta \cdot m_S$$

Igualando convenientemente as duas últimas expressões, vem que:

$$\theta . m_S = b . A$$

Portanto, posso concluir que:

$$\theta = b . A/m_S$$

Também, demonstrei que:

$$\Omega = \theta . m_e/E$$

Logo, posso estabelecer que:

$$b . A = \theta . m_e/E$$

Assim, posso concluir que:

$$m_e/A = b . E/\theta$$

Também, afirmei que:

$$\Omega = m_e/\Delta t$$

Desse modo, posso escrever que:

$$b . A = m_e/\Delta t$$

Portanto, vem que:

$$m_e/A = b . \Delta t$$

Também, posso concluir que:

$$b \cdot \Delta t = b \cdot E/\theta$$

Eliminando os termos em evidência, vem que:

$$E = \theta \cdot \Delta t$$

5. Densidade

A densidade de uma amostra de solo pode ser expressa pela relação existente entre a massa total pelo volume que apresenta.
Simbolicamente, o referido enunciado é expresso por:

$$d = m_t/V_t$$

Ocorre, entretanto, que a massa total corresponde à soma da parte solida pela parte líquida (água).
Logo, posso estabelecer que:

$$d = m_S + m_a/V_t$$

Ocorrendo o processo de evaporação da água na amostra de solo, tem-se que:

$$d = (m_S + m_a - m_e)/V_R$$

Onde (V_R) representa o volume que vai resultando durante a evaporação.
O teor de umidade inicial (H_i) é expresso por:

$$H_i = m_a/m_S$$

Logo, posso concluir que:

$$d = (m_S + H_i . m_s - m_e)/V_R$$

Portanto, vem que:

$$d = (m_S . (H_i + 1) - m_e)/V_R$$

Naturalmente, posso escrever que:

$$d . V_R + m_e = m_S . (H_i + 1)$$

O que permite escrever:

$$(d . V_R/m_S) + (m_e/m_S) = H_i + 1$$

Demonstrei que:

$$E = m_e/m_S$$

Substituindo convenientemente as duas últimas expressões, vem que:

$$(d . V_R/m_S) + E = H_i + 1$$

Evidentemente, posso escrever que:

$$H_i - E = (d . V_R/m_S) - 1$$

Demonstrei que:

$$E = \Delta H = H_i - H_R$$

Substituindo convenientemente as duas últimas expressões, vem que:

$$H_i - (H_i - H_R) = (d . V_R/m_s) - 1$$

O que resulta:

$$H_R = (d \cdot V_R/m_S) - 1$$

Considerando:

$$E = \theta \cdot \Delta t$$

Posso estabelecer que:

$$H_i - \theta \cdot \Delta t = (d \cdot V_R/m_S) - 1$$

Também, considerando-se a expressão:

$$d \cdot V_R + m_e = m_S \cdot (H_i + 1)$$

Em parágrafos anteriores, demonstrei que:

$$m_S = \Omega/\theta$$

Substituindo convenientemente as duas últimas expressões, vem que:

$$d \cdot V_R + m_e = (\Omega/\theta) \cdot (H_i + 1)$$

Demonstrei que:

$$\Omega = m_e/\Delta t$$

Substituindo as duas últimas expressões, vem que:

$$d \cdot V_R + \Omega \cdot \Delta t = \Omega \cdot (H_i + 1)/\theta$$

Dividindo todos os membros por (Ω); vem que:

$$(d \cdot V_R/\Omega) + \Delta t = (H_i + 1)/\theta$$

Também, poderia ter sido substituída da seguinte forma:

$$d \cdot V_R + m_e = (m_e/\theta \cdot \Delta t) \cdot (H_i + 1)$$

Assim, posso concluir que:

$$(d \cdot V_R/m_e) + 1 = (H_i + 1)/\theta \cdot \Delta t$$

6. Sobre o Grau

O grau de contração (**c**) na mecânica dos solos é expresso por:

$$c = (V_i - V_R)/V_i$$

Onde (V_i) representa o volume inicial e (V_R) o volume que resulta durante o processamento de evaporação da água. Demonstrei que:

$$b = \Omega/A$$

Desse modo, defino o grau como sendo a relação matemática existente entre:

$$X = c/b$$

Logo, posso estabelecer que:

$$X = [(V_i - V_R)/V_i] / (\Omega/A)$$

Assim, vem que:

$$X = A . (V_i - V_R)/V_i . \Omega$$

Também, demonstrei que:

$$b = m_S . \theta/A$$

Logo, posso concluir que:

$$X = [(V_i - V_R)/V_i] / (m_S . \theta/A)$$

O que resulta:

$$X = A . (V_i - V_R)/m_S . \theta . V_i$$

7. Nível Evaporativo

Defino o nível evaporativo de uma amostra de solo, como sendo igual ao quociente da variação do teor de umidade, inverso pela área de superfície de solo exposta na evaporação. Simbolicamente, o referido enunciado é expresso pela seguinte relação:

$$N = \Delta H/A$$

Em parágrafos anteriores, demonstrei que o estado inicial do solo antes da evaporação, é expresso por:

$$H_i = m_{Ai}/m_S$$

Também, demonstrei o estado após a evaporação expresso por:

$$H_R = m_{AR}/m_S$$

Então a variação do teor de umidade é expressa por:

$$\Delta H = H_i - H_R = (m_{Ai}/m_S) - (m_{AR}/m_S)$$

Logo, vem que:

$$\Delta H = (m_{Ai} - m_{AR})/m_S$$

Considerando o nível evaporativo, posso estabelecer que:

$$N = (m_{Ai} - m_{AR})/m_S]/ \, (A/I)$$

Portanto, vem que:

$$N = (m_{Ai} - m_{AR})/m_S \, . \, A$$

Sabe-se que:

$$m_e = m_{Ai} - m_{AR}$$

Assim, posso concluir que:

$$N = m_e/m_S \, . \, A$$

Porém, ocorre que:

$$E = m_e/m_S$$

Substituindo convenientemente as duas últimas expressões, vem que:

$$N = E/A$$

Demonstrei que:

$$\Delta H = \theta . \Delta t$$

Logo, posso concluir que:

$$N = \theta . \Delta t/A$$

Demonstrei que:

$$m_e = \Omega . \Delta t$$

Portanto, posso estabelecer que:

$$N = \Omega . \Delta t/m_S . A$$

Afirmei que:

$$\Omega = b . A$$

Assim, posso deduzir que:

$$N = b . A . \Delta t/m_S . A$$

Ao eliminar os termos em evidência, resulta que:

$$N = b . \Delta t/m_S$$

8. Modulo

O modulo é a relação existente entre o grau de concentração, pelo nível evaporativo.

Simbolicamente, o referido enunciado é expresso por:

$$D = c/N$$

Como:

a) $c = (V_i - V_R)/V_i$

b) $N = \Delta H/A$

Posso concluir que:

$$D = [(V_i - V_R)/V_i] / (\Delta H/A)$$

O que resulta:

$$D = A . (V_i - V_R)/V_i . \Delta H$$

9. Elementos do Solo

O solo é constituído por um conjunto de partículas sólidas, deixando entre si vazios que poderão estar parcial ou totalmente preenchidos pela água. É, pois, no caso mais geral, um sistema disperso constituído por três fases; a saber:

a) sólida,
b) líquida e
c) gasosa

Então, sendo (V_t) o volume total da amostra de solo, (V_A) é a parcela do volume em água, (V_{ar}) é a parte do volume em ar, (V_S) é a parte do volume sólido.
De modo que:

$$V_t = V_A + V_{ar} + V_S$$

Para avaliar que proporção de volume total sofre os fenômenos de aguacórica (**a**); arcórica (**f**); solicórica (**s**) define-se as seguintes grandezas adimensionais:

$$a = V_A/V_t ; \quad f = V_{ar}/V_t ; \quad s = V_S/V_t$$

Somando as três grandezas, obtém-se que:

$$a + f + s = V_A/V_t + V_{ar}/V_t + V_S/V_t = V_A + V_{ar} + V_S/V_t = V_t/V_t$$

Portanto:

$$a + f + s = 1$$

Desse modo, por exemplo, uma amostra de solo apresenta solicórica s = 0,8 significa que 80% do volume total correspondem à parte sólida. Os restantes 20% devem se dividir entre aguacórica e arcórica.

10. Volume Resultante

O grau de concentração permite escrever que:

$$c = (V_i - V_R)/V_i$$

A partir de tal relação, posso escrever que:

$$V_R = V_i \cdot (1 - c)$$

Em parágrafos anteriores, demonstrei que:

$$V_R = m_S \cdot (H_R + 1)/\Delta d$$

Igualando convenientemente as duas últimas expressões, vem que:

$$(m_s/\Delta d) \cdot (H_R +1) = V_i \cdot (1 - c)$$

Portanto, posso estabelecer que:

$$\Delta d \cdot V_i/m_S = (H_R +1)/(1 - c)$$

Também, demonstrei que:

$$V_R = m_S/\Delta d \cdot (H_i - E + 1)$$

Portanto, posso escrever que:

$$V_i \cdot (1 - c) = (m_S/\Delta d) \cdot (H_i - E + 1)$$

Assim, vem que:

$$m_S/\Delta d \cdot V_i = (H_i - E + 1)/ (1 - c)$$

12. Definições Sobre Umidade

1. Nível de Pressão de Vapor

O nível de pressão de vapor (**n**) é definido como sendo igual ao valor da pressão máxima de vapor (**F**) pela diferença matemática do valor da pressão parcial de vapor (**f**) no ar.

Simbolicamente, o referido enunciado é expresso por:

$$n = F - f$$

2. Umidade Relativa do Ar

A umidade relativa (**H**) do ar é definida matematicamente como sendo igual ao quociente da pressão parcial de vapor (**f**), inversa pelo vapor da pressão máxima de vapor (**F**).

Pode-se escrever simbolicamente que:

$$H = f/F$$

Portanto, se o ambiente estiver saturado (**f = F**), a umidade relativa vale:

$$H = 1 \, . \, (100\%)$$

3. Secura Relativa do Ar

A secura relativa (**S**) do ar é igual à relação matemática existente entre o nível de pressão de vapor (**n**) pelo vapor da pressão máxima de vapor (**F**).

Simbolicamente, pode-se escrever que:

$$S = n/F$$

A secura também pode ser expressa em porcentagem.

4. Relações Matemáticas

Foi definido que:

$$f = F - n$$

A umidade relativa é expressa por:

$$H = f/F$$

Substituindo as duas últimas expressões, vem que:

$$H = (F - n)/F$$

Logo, resulta que:

$$H = 1 - (n/F)$$

Também, demonstrei que:

$$S = n/F$$

Como:

$$n = F - f$$

Então, pode-se escrever que:

$$S = (F - f)/F$$

Portanto, resulta:

$$S = 1 - (f/F)$$

5. Soma da Umidade e Secura

Somando as grandezas adimensionais umidade e secura, obtém-se:

$$H + S = (f/F) + (n/F) = (f + n)/F = F/F$$

Logo, pode-se concluir que:

$$H + S = 1$$

Assim, por exemplo, o ambiente ter umidade ($H = 0,6$) significa que o ar contém 60% do vapor saturado. O restante 40% representa a taxa de secura do ar.

Portanto, por definição, o ambiente está saturado de vapor quando este existe em quantidade tal que exerça uma pressão máxima de vapor. Decorre daí que sua umidade é $H = 1$ (**100%**) e sua secura é nula ($S = 0$). O ambiente está seco quando sua umidade é nula ($H = 0$) e sua secura $S = 1$ (**100%**).

Ambiente saturado ($H = 1$), ($S = 0$)
Ambiente seco ($H = 0$), ($S = 1$)

13. Frações Relativas em Geral

1. Temperatura Centesimal Relativa

Na escala Celsius o intervalo entre os pontos fixos é dividido em cem partes. Cada uma é a unidade da escala, o "grau Celsius".

Portanto, defino a temperatura centesimal relativa (**c**) na escala Celsius como sendo igual à relação entre a temperatura que um corpo apresenta (**t**) e a temperatura do ponto do vapor adotado na escala (**100**).

Simbolicamente, pode-se escrever:

$$c = t/100$$

Quando a temperatura de um corpo alcança a temperatura de referência (ponto do vapor), sua temperatura centesimal relativa é de cem por cento.

2. Dilatação Linear Relativa

Defino a dilatação linear relativa (**D**) de uma barra como a relação matemática existente entre a dilatação (**l**) que ela apresenta, e a dilatação máxima que pode suportar (**L**).

O referido enunciado é expresso simbolicamente por:

$$D = l/L$$

Outra expressão para a dilatação linear relativa é expressa pela variação do comprimento da barra, conforme a expressão que se segue:

$$d = \Delta l/\Delta L$$

Sabe-se que a variação da dilatação linear, é proporcional (α) ao comprimento inicial (l_0) da barra pela variação de temperatura.
Ou seja:

$$\Delta l = \alpha \cdot l_0 \cdot \Delta t$$

Substituindo convenientemente as duas últimas expressões, resulta que:

$$d = \Delta l/\Delta L = \alpha \cdot l_0 \cdot \Delta t/\alpha \cdot l_0 \cdot \Delta T$$

Eliminando os termos em evidência, resulta:

$$d = \Delta l/\Delta L = \Delta t/\Delta T$$

Onde ($\Delta t = t_0 - t$) e ($\Delta T = t_0 - T$). Portanto se ($t_0 = 0^o c$), resulta que:

$$d = t/T$$

Onde (T) representa a temperatura máxima que o corpo pode suportar dentro do regime de dilatação linear.
A referida relação matemática é perfeitamente válida para as dilatações superficial e volumétrica.

3. Calor Relativo

O calor relativo (R) de um corpo é a relação entre a quantidade de calor (q) que ele contém e a quantidade de calor máximo (Q) que pode conter.

Simbolicamente, o referido enunciado é expresso por:

$$R = q/Q$$

Sabe-se que as unidades de calor recebidas por um corpo são diretamente proporcionais à sua massa (**m**) e à variação de temperatura (Δt). Ou seja:

$$q = k \cdot m \cdot \Delta t$$

Substituindo convenientemente as duas últimas expressões, resulta que:

$$R = k \cdot m \cdot \Delta t / k \cdot m \cdot \Delta T$$

Eliminando os termos em evidência, vem que:

$$R = \Delta t / \Delta T$$

Como ($\Delta t = t_0 - t$) e ($\Delta T = t_0 - T$), e se ($t_0 = 0°C$), vem que:

$$R = t/T$$

Onde (**T**) representa a temperatura máxima que o corpo apresenta ao conter uma quantidade de calor máximo.

4. Fração de Ebulição

Ao aquecer uma substância pura na fase líquida, em pressão constante, ela sofre ebulição numa temperatura (**T**) que permanece constante durante o processo.

Portanto defino a fração de ebulição (**f**) como sendo igual ao quociente da temperatura (**t**) que essa substância apresenta, inversa por sua temperatura de ebulição (**T**). Simbolicamente, o referido enunciado é expresso por:

$$f = t/T$$

5. Ebulição Relativa

Dadas duas substâncias (**A**) e (**B**), de pontos de ebulição (t_A) e (t_B), respectivamente. Defino ebulição relativa da substância (**A**) em relação à substância (**B**) por meio da seguinte expressão:

$$t_{A,B} = t_A/t_B$$

Evidentemente o resultado não apresenta unidades, pois a grandeza que denominei por ebulição relativa é adimensional e constitui uma forma de comparar o ponto de ebulição entre duas substâncias distintas.

É muito interessante usar uma substância de referencia universal para fazer a comparação. Para isto escolhi o vapor d'água, onde ao nível do mar, ferve a 100°C.

Portanto, a última expressão pode ser escrita na seguinte forma:

$$t_{A,B} = t_A/100$$

6. Energia Cinética Relativa

Defino a grandeza adimensional denominada energia cinética relativa (**g**) de um gás, como sendo a relação matemática entre a energia cinética (**e**) que apresenta pela energia cinética máxima (**E**) possível que pode ser contido dentro de um dado volume, ou uma pressão de referencia.

Simbolicamente, pode-se escrever que:

$$g = e/E$$

Porém, sabe-se que:

$$e = 3 . n . R . T/2$$

Onde (**n**) representa o número de moles e (**R**) representa a constante universal dos gases perfeitos.

Substituindo convenientemente as duas últimas expressões, resulta que:

$$g = e/E = (3 . n . R . T/2) / (3 . n . R . T_{mx}/2)$$

Eliminando os termos em evidência, vem que:

$$g = T/T_{mx}$$

7. Velocidade Média Relativa

Defino a grandeza denominada por velocidade média relativa (**W**), como sendo igual ao quociente do quadrado da velocidade média das moléculas de um gás (v^2), inversa pelo quadrado da velocidade média (V^2) máximo que pode ser contido dentro de um dado volume, ou dentro de uma dada pressão de referencia.

Simbolicamente, o referido enunciado é expresso por:

$$W = v^2/V^2$$

Porém, sabe-se que:

$$v^2 = 3 . R . T/M$$

Onde (**M**) representa a molécula grama do gás.

Substituindo convenientemente as duas últimas expressões, resulta que:

$$W = (3 . R . T/M)/(3 . R . T_{mx}/M)$$

Eliminando os termos em evidência, resulta:

$$W = T/T_{mx}$$

Nestas condições, verifica-se que a energia cinética relativa (**g**) é igual à própria velocidade média relativa (**W**). Portanto, pode-se escrever que:

$$g = W$$

8. Pressão Relativa de um Gás

Defino a pressão relativa (**S**) de um gás como sendo a relação entre a pressão que apresenta (**p**) pela pressão máxima (**P**) que o volume pode conter.

Simbolicamente, pode-se escrever que:

$$S = p/P$$

Sabe-se que:

$$p = m . v^2/3 . B$$

Onde (**m**) representa a massa do gás, (**v**) a velocidade e (**B**) o volume que o contém.

Substituindo convenientemente as duas últimas expressões, resulta que:

$$S = p/P = (m . v^2/3 . B)/(m . V^2/3 . B)$$

Eliminando os termos em evidência, resulta que:

$$S = v^2/V^2$$

Logo, a pressão relativa (**S**) de um gás é igual à sua velocidade média relativa (**W**).
Portanto, pode-se escrever que:

$$S = W$$

Porém, como a velocidade média relativa (**W**) é igual à energia cinética relativa (**g**); então esta também é igual à pressão relativa do gás.
Simbolicamente, pode-se escrever que:

$$S = W = g$$

9. Entropia Relativa

No Universo as transformações naturais sempre levam a um aumento de sua entropia.
Considerando que a entropia pode atingir um nível máximo, então posso definir a entropia relativa como a relação entre o valor da entropia num dado momento pela entropia máxima permitida pelo sistema.
Simbolicamente, pode-se escrever que:

$$N = \Delta z/\Delta Z$$

10. Imantação Relativa

Para imantar uma substância, deve-se aplicar um campo magnético à mesma. E a intensidade magnética que essa substância adquire atinge um ponto máximo denominado por "imantação de saturação".

Assim, defino a imantação relativa (**I**) de uma substância ferromagnética como sendo a relação matemática entre a intensidade do campo magnético (**b**) que ela apresenta e o que apresentaria se estivesse saturado (**B**), quando todos os elétrons estão orientados.

Simbolicamente, o referido enunciado é expresso por:

$$I = b/B$$

11. Deformação Elástica Relativa

E todo processo de deformação, depois de certo esforço, é ultrapassado o limite de elasticidade do material e as deformações passam a ser permanentes. Isto significa que existe um limite máximo para a deformação elástica. Portanto, quando um material apresenta uma deformação elástica máxima que pode suportar; então, sua deformação relativa (µ) é de 100 por cento.

Logo, posso definir que a deformação elástica relativa (µ) de um material é a relação entre a deformação elástica (Δx) que apresenta e a deformação elástica (ΔX) que apresentaria se estivesse no limite elástico.

Simbolicamente, pode-se escrever que:

$$\mu = \Delta x/\Delta X$$

14. Volume Molhado

1. Introdução

A maioria das substâncias secas e sólidas ao serem imersas em algum líquido como, por exemplo, na água, ficam molhadas. Então eu defino o volume do líquido utilizado para molhar uma rocha ou uma substância qualquer não absorvedora.

2. Equação Simples

Para as substancias que não absorvem a água, o volume molhado é diretamente proporcional à área de superfície da substância considerada, por exemplo, uma pedra.

Simbolicamente, o referido enunciado é expresso por:

$$V = k \cdot S$$

Onde a letra (k) representa uma constante de proporcionalidade que depende do líquido e da substância sólida, além de depender das condições de pressão e temperatura. A letra (S) representa a área de superfície do sólido e a letra (V) representa o volume molhado.

3. Substância Sólida em Forma Esférica

A área da superfície de uma esfera de raio (R) é expressa pela seguinte equação:

$$S = 4\pi \cdot R^2$$

Desse modo, toda vez que a substância molhada apresentar forma esférica, pode-se escrever que:

$$V = k . 4\pi . R^2$$

Como os valores (**K**) e (**4π**) apresentam valores constante, posso afirmar que toda vez que o corpo sólido for uma esfera; o volume molhado é diretamente proporcional ao quadrado do raio.

O referido enunciado é expresso simbolicamente por:

$$V = \alpha . R^2$$

www.ingramcontent.com/pod-product-compliance
Lightning Source LLC
Chambersburg PA
CBHW072159170526
45158CB00004BB/1706